BEI GRIN MACHT SICH IHR WISSEN BEZAHLT

Anonym

Geschichte und wirtschaftliche Entwicklung Polens nach 1989

GRIN Verlag

Bibliografische Information der Deutschen Nationalbibliothek:

Die Deutsche Bibliothek verzeichnet diese Publikation in der Deutschen National-
bibliografie; detaillierte bibliografische Daten sind im Internet über http://dnb.d-
nb.de/ abrufbar.

Impressum:

Copyright © 2010 GRIN Verlag GmbH
Druck und Bindung: Books on Demand GmbH, Norderstedt Germany
ISBN: 978-3-656-24724-1

Dieses Buch bei GRIN:

http://www.grin.com/de/e-book/198190/geschichte-und-wirtschaftliche-entwicklung-
polens-nach-1989

GRIN - Your knowledge has value

Der GRIN Verlag publiziert seit 1998 wissenschaftliche Arbeiten von Studenten, Hochschullehrern und anderen Akademikern als eBook und gedrucktes Buch. Die Verlagswebsite www.grin.com ist die ideale Plattform zur Veröffentlichung von Hausarbeiten, Abschlussarbeiten, wissenschaftlichen Aufsätzen, Dissertationen und Fachbüchern.

Besuchen Sie uns im Internet:

http://www.grin.com/

http://www.facebook.com/grincom

http://www.twitter.com/grin_com

RWTH Aachen   26.03.2010
Geographisches Institut
Regionalseminar Polen, Slowakei, Ungarn
SS 2010
Seminararbeit

Geschichtliche und wirtschaftliche Entwicklung Polens nach 1989

4.Semester
Studium: B.Sc. Angewandte Geographie

Inhaltsverzeichnis

1 Einleitung

Polen liegt heute nicht nur aufgrund seiner geographischen Lage in der Mitte von Europa und verbindet somit Westeuropa mit Osteuropa. Als Mitglied der EU und der NATO ist Polen sowohl politisch wie auch ökonomisch in Europa und dem globalen Welthandel integriert.

Durch die wechselhafte Geschichte Polens stellt die sog. Dritte Republik Polen nun eine stabile Demokratie dar, deren Existenz von keiner politischen Macht wirklich in Frage gestellt wird. Die Chance, die sich den Polen mit dem Zusammenbruch der UdSSR in den Jahren zwischen 1988 und 1990, nutzten Sie auf eine hervorzuhebende Weise und implementierten ihre polnische Republik.

Auch wirtschaftlich erreicht Polen heute beachtliche Zahlen:
So lag Polen im Jahre 2008 auf Platz sieben der Nationalökonomien in der EU (auswärtiges Amt 2010).

Noch vor 20 Jahren war eine solche Entwicklung in diesem Ausmaß undenkbar. Wie schaffte es Polen also innerhalb von zwei Jahrzehnten, aus einem zerfallenen politischen Regime und einer mehr als ungünstigen Wirtschaftslage eine solche positive Entwicklung zu ziehen? Diese Frage versucht die vorliegende Arbeit anhand der Darstellung der Entwicklung Polens von 1989 (bzw. 1988) bis heute zu beantworten.

2 Wirtschaftliche Entwicklung Polens 1988 bis 1993

Die wirtschaftliche und gesellschaftliche Entwicklung Polens muss in engem Zusammenhang mit der nationalen Wirtschaftskrise, dem Erstarken des politischen Solidarnosc- Bewegung sowie der Loslösung von der UdSSR zum Ende der 1980er Jahre gesehen werden.

So kann die wirtschaftliche Entwicklung Polens ab 1988 auch nicht ohne die politischen Rahmenbedingungen gesehen werden. Daher ist es notwendig, auch die politischen Entwicklungen Polens darzustellen, um die wirtschaftlichen Fakten zu verstehen.

2.1 Zusammenbruch der sozialistischen Volksrepublik Polens 1988/ 89

Polen schaffte es im Gegensatz zu anderen Staaten, die ebenfalls in Abhängigkeit von der Sowjetunion standen, durch das „Festhalten an der katholischen Kirche und durch privates Einzelbauerntum [... sowie durch] selbstbewusste Streiks und Massendemonstrationen" (Droth 2000:105) bereits vor 1988/ 1989 eine zunehmende Eigenständigkeit zu erreichen, welche bereits unter der sozialistischen Herrschaft der kommunistischen sog. Polnischen Vereinigten Arbeiterpartei PZPR (*Polska Zjednoczona Partia Robotnicza*) in Polen zu eigenständigen Entwicklungen führte.

Diese zeigten sich beispielsweise schon früh in „beinahe periodisch wiederholenden spontanen Arbeiterrevolten" (Gorski 1998:47), welche den Staat immer wieder stark erschütterten und die als „Vorläufer für die entstehende Solidarnosc Bewegung" (Droth 2000: 21) gesehen werden können. Seit der Gründung der Solidarnosc Gewerkschaft, die als freie Gewerkschaft Forderungen gegenüber dem polnischen Planstaat stellte, bestimmte diese in den 1980er Jahren trotz ihres Verbotes „mehr und mehr die politischen Geschicke Polens und trug schließlich entscheidend zur Entmachtung der kommunistischen Partei und Regierung 1988/89 bei" (Droth 2000:21).

Die ökonomische Situation Polens verschlechterte sich in den 1980er Jahren auch im Vergleich zu den anderen osteuropäischen Staaten deutlich, sodass die kommunistische Staatsführung gezwungen war, durch zwei Reformphasen die Wirtschaftslage zu verbessern, was der polnischen Wirtschaft jedoch nicht aus der Krise half (Bohle 2002: 102).

So sind beispielsweise die Wachstumsraten des Konsums und des Nationaleinkommens zwischen 1980 und 1989 in Polen im Gegensatz zu den anderen sozialistischen Ostblockstaaten Bulgarien, der CSSR und Ungarn am geringsten. Verschärft wird diese Problematik in Polen noch durch die Diskrepanz zwischen den Wachstumsraten von 1970 bis 1980 und 1980-1989. Während Polen im Zeitraum 1970 bis 1980 beispielsweise beim Konsum noch die höchsten Wachstumsraten aufweisen konnte, wuchs der Konsum in den darauffolgenden Jahrzehnten nur geringfügig um 0,2 % (vgl. TAB 1).

Tabelle 1:Witschafliche Entwicklung in Polen und anderen osteuropäischen Staaten 1970-80 und 1980-89

Wachstumsraten pro Jahr, in % 1970-1980			
	Polen	Bulgarien	CSSR	Ungarn
Konsum	6.5	5.8	3.5	3.9
Akkumulation	2.7	3.8	4.4	2.4
Export	7.4	11.4	6.4	8.3
Nationaleinkommen	5.2	7.0	4.6	4.5
Produktivität	3.8	6.5	3.9	4.4
Inflation (1960-80)	5.0	-	-	3.7
Wachstumsraten pro Jahr, in % 1980-1989			
	Polen	Bulgarien	CSSR	Ungarn
Konsum	0.2	2.2	2.7	0.9
Akkumulation	-0.8	2.8	-6.0	-7.4
Export	2.9	3.8	3.3	4.0
Nationaleinkommen	0.8	3.1	1.7	1.1
Produktivität	1.0	3.1	1.0	2.1
Inflation	53.9	-	-	9.0
Auslandsschulden[+]	458 (1988)	-	62 (1988)	349 (1988)

Quelle: verändert nach Bohle 2002: 103.

Der Versuch, die Preise langsam den realen Marktpreisen anzupassen, führte zu weiterer Unzufriedenheit der Bevölkerung, die sich in Streiks und Kundgebungen entlud und schließlich dazu führte, dass eine Reallohnsteigerung durchgesetzt werden konnte (Bohle 2002: 103). Die Inflation stieg aufgrund dieser „Lohn-Preisspirale" von 25 % (1987), und 61 % (1988) auf 243 % (1989) (Bohle 2002:104), nahm somit „existenzbedrohende Umfänge" (Droth 2000: 51) an und man sprach 1989 sogar von einer Hyperinflation (vgl. Quaissier 2001 und Droth 2000: 51). Dass die kommunistische

Führung diese ökonomische Situation nicht mehr in den Griff bekommen konnte, war nun für alle sichtbar. Die Versuche der PZPR durch eine schrittweise Liberalisierung der Wirtschaft ihr Machtmonopol in Polen zu verteidigen, waren u.a. aufgrund der Solidarnosc Bewegung zum Scheitern verurteilt.

Im Laufe dieser Entwicklung kam es in den Jahren 1988/89 zu entscheidenden Veränderungen, die den Weg von der Planwirtschaft eines sozialistischen Staates zu einer Marktwirtschaft einer Demokratie ebneten.

So konnte die Solidarnosc Bewegung bei den Wahlen am 4.6. 1989 einen eindeutigen Sieg verzeichnen. Diese Wahlen können erstmals nach einer langsamen Demokratisierung der Wahlen als frei bezeichnet werden, auch wenn schon vorher die Sitzverteilung vereinbart worden war (35% für die Opposition) (Quaissier 2001).

Zum Ministerpräsidenten wurde am 24.08.1989 mit Tadeusz Mazowiecki „der erste nicht - kommunistische Regierungs- Chef seit mehr als 40 Jahren gewählt" (Fischer Weltalmanach 1990: 439). Dieser stellte am 12.09.1989 ein neues Kabinett zusammen, bei dem erstmals eine Mehrzahl von Ministern für das „Bürgerkomitee Solidarität" (Weltalmanach 1991) vorhanden war. Am 29.12.1989 wurde schließlich der Name der Volksrepublik in den Namen Republik Polen geändert.

Die Revolution, die ohne Blutvergießen verlaufen war und von einer politischen "Reformelite" (Bohle 2002:123) durchgeführt wurde, war somit zu diesem Zeitpunkt erfolgreich. Aufgrund der verheerenden Wirtschaftslage Polens stellte die Wirtschaftspolitik das Hauptaufgabenfeld der Regierung von Mazowiecki dar (vgl. Gorski 1998: 53).

Zum Schluss sollte nochmals darauf hingewiesen werden, dass dieser Prozess mit den aufgezeigten tiefgreifenden wirtschaftlichen und politischen Veränderungen ohne die Änderung der Politik der Sowjetunion unter Gorbatschow und seinen Ideen der Perestroika und Glasnost nicht möglich gewesen wäre (Förderportal der Republik Polen 2010: Geschichte/20.Jh.: Polen unter sowjetischer Herrschaft). Ein militärisches Einschreiten der UdSSR hätte die Revolution wahrscheinlich unmöglich gemacht.

Nach der langsamen Demokratisierung Polens mussten die ausgesprochen schlechten Wirtschaftsbedingungen Polens verbessert werden. Um dies zu erreichen, führte der damalige Finanzminister Leszek Balcerowicz „Radikalreformen" (Droth 2000:51) ein, durch die der Staat zu einer „kapitalistischen Marktwirtschaft" (Quaissier 2001) geführt werden sollte. Das Bündel von Reformen bestand aus insgesamt zehn Gesetzen und wurde als „Balcerowicz Plan bekannt. Während der Parlamentssitzungen zwischen dem 17. bis 28.12.1989 [wurde es] mit breiter Zustimmung des Parlaments angenommen" (Gorski 1998: 56). Die Reformen traten zum Stichtag 01.01.1990 in Kraft (Quaissier 2001) und lassen sich in drei Bereiche einteilen:

- *„Makroökonomische Stabilisierung mit Hilfe einer restriktiven Geldpolitik und einer rigorosen Finanzpolitik, Stabilisierung des Wechselkurses und Kontrolle der Lohnentwicklung*
- *Mikroökonomische Liberalisierung durch Preisfreigabe, Außenhandelsliberalisierung, Einführung der Konvertierbarkeit der Währung, der Gewerbefreiheit vor allem für Privatunternehmer,*
- *Tiefgreifende institutionelle Umgestaltung, Privatisierung der Staatsunternehmen, Steuerreformen, Reform des Banken- und Versicherungssystems, Schaffung einer lokalen Selbstverwaltung." (Droth et al. 2000: 51)*

Großen Einfluss auf diese Maßnahmen nahmen die „Finanzorganisationen der freien Welt" (Gorski 1998: 59), wobei die Richtlinien des Internationalen Währungsfonds (IWF) eine große Rolle spielten. Das Interesse an einem finanziell stabilen polnischen Staat war sehr groß. Die finanzielle Unterstützung z.B. seitens des IWF durch einen „Stabilitätskredit von circa einer Milliarde US Dollar" (Quaissier 2001) sowie die Unterstützung durch die EU trugen zudem zu einem positiven Gelingen des Transformationsprozesses bei.

2.3 Auswirkungen des Transformationsprozesses bis 1993

Der Balcerowicz Plan hatte konkrete Auswirkungen auf die wirtschaftliche und gesellschaftliche Entwicklung Polens nach 1990.

Nicht zu Unrecht wird das Reformpaket auch „Schocktherapie" genannt. Dieser Begriff war zunächst auf die Umstrukturierung des Staates von dem „rent seeking gegenüber dem umverteilenden Staat auf profit seeking am Markt" (Bohle 2002: 111) gekennzeichnet. Damit ist der Transformationsprozess von einer Planwirtschaft auf eine freie Marktwirtschaft gemeint, welcher zunächst nur für den Staat als radikale Reform verstanden wurde.

Doch dabei wurden schnell auch die tiefgreifenden gesellschaftlichen Veränderungen deutlich, sodass der Begriff der „Schocktherapie" auch durchaus auf die gesamte polnische Gesellschaft bezogen werden kann. Durch die plötzliche Liberalisierung der polnischen Wirtschaft kam es in Polen zu dort unbekannten Phänomenen: „Der Lebensstand fiel [weiter], die Gesellschaft begann sich auszudifferenzieren, Arbeitslosigkeit stellte sich ein, da zahlreiche Staatsbetriebe und Landwirtschaftliche Produktionsgenossenschaften schließen mussten" (Wilkiewicz 2000: 23). Anhand von verschiedenen makroökonomischen Indikatoren kann man ab dem Jahr 1990 eine katastrophale Entwicklung feststellen (Bohle 2002: 126).

In der TAB 2 sind die unterschiedlichen wirtschaftlichen und sozialen Einflussfaktoren des radikalen Wirtschaftsumbruchs in Polen gut zu erkennen: So wuchs aufgrund der Marktliberalisierung das Bruttoinlandsprodukt nicht direkt, sondern es kam 1990 und 1991 zu einem Wirtschaftsabschwung von -11,6 % bzw. -7,6 %. Die international nicht wettbewerbsfähige und von dem Kommunisten stark geförderte Industrie Polens brach mit dem Einsetzen der Liberalisierung auch durch den Wegfall der Außenhandelsbeziehungen zu den anderen sozialistischen Staaten und der Sowjetunion noch stärker ein (- 24,2 und -11.9 %).

Die Arbeitslosigkeit, die zuvor in der sozialistischen Planwirtschaft keine Rolle gespielt hatte, sorgte zudem für eine Ausdifferenzierung der relativ homogenen Gesellschaft Polens. Innerhalb von vier Jahren stieg die Arbeitslosigkeit zwischen 1989 und 1993 von offiziell 0% auf 16,4 % an. Diese Problematik lässt die Verunsicherung der polnischen Gesellschaft erahnen, doch trotz der erkennbaren grundlegenden wirtschaftlichen und sozialen Krise, die sich durch den Transformationsprozess zu Beginn der 1990er Jahren einstellte, wurde seitens der Regierung „die Priorität der Stabilisierungs- und außenwirtschaftlichen Liberalisierungspolitik [...] erhalten" (Bohle 2002: 127).

Tabelle 2: wirtschaftliche und soziale Indikatoren in Polen 1989- 1993

	1989	1990	1991	1992	1993
Wirtschaftliche Indikatoren					
BIP (reale Veränderung, %)	0.2	-11.6	-7.6	2.6	4.7
Industrieproduktion (reale Veränderung, %)	-0.5	-24.2	-11.9	3.9	5.6
Inflation (Konsumpreisindex, % pro Jahr)	251.1	584.7	70.3	43.0	36.9
Staatshaushalt Defizit/Überschuß in % des BIP)	-3	0	-3	-6	-3
Handelsbilanz (Mio USD)	0.8	3.7	-0.6	-3.0	-4.6
Soziale Indikatoren					
Arbeitslosenrate	0	6.1	11.5	13.6	16.4
Reallöhne (Veränderungen, %)	9.4	-24.4	-0.3	-2.5	-1.8
Bevölkerung unter der Armutsgrenze (%)	-	-	-	-	23.8

Quelle: verändert nach Bohle 2002:126.

Diese wirtschaftlichen und sozialen Daten sind sicherlich auch ein Grund dafür, dass die Republik Polen bis 1993 von insgesamt fünf verschiedenen Regierungen regiert wurde (vgl. Bohle 2002: 127). Die politische Diskussion um einen „wirtschaftspolitischen Kurswechsel" (Bohle 2002: 127) entstand immer wieder, doch wie schon erwähnt, wurden die Grundlagen des Balcerowicz Plans nicht verändert.

In der sog. Zweiten Transformationsphase stellte sich vor allem die geplante „Privatisierung staatlichen Eigentums nur zögerlich" (Bohle 2002: 127) ein. Dabei verlief die Privatisierung der kleinen und mittleren Betriebe relativ gut an, Probleme ergaben sich demgegenüber „bei der Privatisierung der Grossbetriebe" (Gorski 1998: 75). Gründe für das anfängliche Scheitern der Privatisierung der Großbetriebe werden v.a. dem Fehlen „wesentlicher institutionelle[r] Faktoren" (Bohle 2002:129) zugeschrieben, die u.a. aus einem funktionierenden Finanzsystem bestehen, welches Kredite an Unternehmer zur Investition zur Verfügung stellen kann.

So wurden die Regierungen zu einem Umdenken im Prozess der Privatisierungen gezwungen. Zwischen 1992 und 1993 wurde ein differenzierterer Privatisierungsansatz gewählt, der sowohl noch die Möglichkeit der Teilhaberrechte des Staates an

Unternehmen sowie die Notwendigkeit einer staatlichen Industriepolitik beinhaltete (vgl. Bohle 2002: 132).

Schlussfolgernd lassen sich zusammenfassend zwei Kritikpunkte am Balcerowicz Plan festhalten:

1. Polen war ein Staat ohne funktionierende Finanzmärkte und ohne selbstständiges Unternehmertum (Gorski 1998: 77).
2. Soziale Härten entstanden durch die anfängliche Kompromisslosigkeit der Liberalisierung und der z.T. nicht konkurrenzfähigen Wirtschaft.

3 Wirtschaftliche Stabilisierung ab 1993

Dass es Polen trotz der schlechten wirtschaftlichen und sozialen Lage während des Anfangs der 1990er Jahre schaffte, eine funktionierende Demokratie aufzubauen, schreibt Gorski der „jahrhundertlange[n] demokratische[n] Tradition" (Gorski 1998: 77) Polens zu.

Die sich stabilisierende Demokratie wurde dabei von einer sog. „kleinen Verfassung" (Ziemer 2009: 147) rechtlich verankert. Diese Verfassung stellte sich als „vieldeutiges Gesetzeswerk [heraus], das unterschiedliche Interpretationen zuließ" (Wikiewicz 2000: 27). So ließ die Periode bis zur Implementierung der „großen Verfassung" im Jahr 1997 relativ viele Wege zur Ausgestaltung der Politik offen, was von den unterschiedlichen Präsidenten und Regierungen durchaus genutzt wurde. Doch durch das einsetzende dauerhafte Wirtschaftswachstum stellte dieses Vakuum keine Gefahr für den Demokratisierungsprozess dar.

3.1 Stabilisierung der gesellschaftlichen und wirtschaftlichen Entwicklung

Ab 1992 erholte sich die Wirtschaft langsam und es setze ein Wachstum des BIP's von 2,6 % (1992) bzw. 4,7 % (1993) ein. Wie aus der Tabelle 3 ersichtlich wird, begann ab 1992 ein stabile wirtschaftliche Wachstumsphase, welches durch den privaten Konsum, die Investitionen und die Exporte getragen wurde.

Tabelle 3: Wirtschaftsentwicklung in Polen (in Jahresdurchschnittswerten)

	1990–91	1992–93	1994–2000
Bruttoinlandsprodukt, BIP	–9,3	3,1	5,4
privater Verbrauch	–7,1	4,2	4,9
Investitionen	–7,2	2,5	13,2
Exporte[1]	6,5	6,9	12,1
Industrie[2]	–14,6	3,0	7,9
Bauwirtschaft[3]	–4,5	4,0	6,1
Landwirtschaft[3]	3,2	4,7	–0,5

[1] Für die Zeiträume 1990–91 und 1992–93 Exporte in US-$ in konstanten Preisen;
1994–2000 Exporte in US-$ in laufenden Preisen;
[2] abgesetzte Industrieproduktion;
[3] jeweils Bruttoproduktion

Quelle: Quassier 2001.

Es entwickelte sich eine prosperierende Wirtschaft, die dafür sorgte, dass es Polen als erstes Transformationsland schaffte, „die Talsohle der Krise zu durchschreiten und zu einem selbsttragenden Wachstum der volkswirtschaftlichen Produktion überzugehen" (Pysz 2009: 247).

Die gesellschaftliche Unzufriedenheit, die Zersplitterung der Solidarnosc Bewegung, der rechten Gruppierungen und der liberalen Parteien, die weiteren ungeklärten sozialen Fragen und die „extrem niedrige Wahlbeteiligung (um die 50 %) (Bohle 2002: 145)" sorgten bei der Parlamentswahl 1993 für den Wahlsieg der sog. Postkommunistischen Parteien. Die neue Regierung „führte [...] im großen und ganzen die Wirtschaftspolitik ihrer Vorgänger fort" (Wilkiewicz 2000:7) (Antiinflations-, Außenwirtschafts- und Transformationspolitik, sowie außenpolitischer Liberalisierungskurs), doch setzte sie politische Forderungen durch, die unter dem Titel „Strategie für Polen" zusammengefasst werden können (vgl. Bohle 2002: 145 ff.). Im Zentrum der neuen Strategien standen zwei wichtige Themen, die den wirtschaftlichen und gesellschaftlichen Verlauf der weiteren polnischen Geschichte maßgeblich beeinflussen sollten:

1. Die Abkehr vom „Ziel der Privatisierung um jeden Preis" (Bohle 2002: 148), was beinhaltete, dass

   a) der Staat wichtige Unternehmen und Sektoren von nationaler Bedeutung in eigener Hand behält und

   b) eine verstärkte „staatliche Kontrolle über die zu privatisierenden und restrukturierenden Unternehmen" ausübt (vgl. Bohle 2002: 148)

2) Verstärkung der Anstrengungen der Anbindung an die EU.

Durch die Klientelpolitik der regierenden Bauernpartei (PSL), die „durch starken Lobbyismus in Richtung der Kleinbauern [... und] einer Politik der Schutzzölle und Ausgleichszahlungen für polnische Produkte" (Wilkiewicz 2000:7) betrieb, wurde eine Angleichung an EU Normen verzögert (vgl. Wilkiewicz 2000: 7).

3.2 Außenpolitik im Hintergrund der Westintegration

Ein EU- Beitritt wurde bereits zu Beginn des Transformationsprozesses als eines der wichtigsten Ziele der Politik definiert. Aufgrund des Wegfalls der Handelspartner der ehemaligen RGW und der UdSSR musste und wollte sich Polen außenpolitisch neu orientieren. Dabei wurde vor allem der geplante Beitritt in die EG bzw. später in die EU mit dem Hoffnungen verbunden, durch eine „Mitgliedschaft in der westeuropäischen Wohlstandgemeinschaft politische und wirtschaftliche Stabilität zu importieren" (Bingen: 2001).

Somit wurde die „Rückkehr nach Europa" als die kontinuierliche Variable der polnischen Politik ab 1989 von „beinahe allen staatstragenden Parteien und letztlich auch von den relevanten gesellschaftlichen Organisationen geteilt" (Lang 2009: 589). Dementsprechend begannen bereits im Jahr 1989 Verhandlungen über ein Ratifizierungsabkommen mit der Europäischen Gemeinschaft und später mit der EU.

Diese führten zu dem am 1.03.1992 in Kraft tretenden handelspolitischen Teil sowie dem nach der Ratifizierung am 1.02.1994 in Kraft tretenden wirtschaftlichen und politischen Teil des sog. Europa- Abkommen, das ebenfalls für Ungarn und die Tschechoslowakei galt (vgl. Byrt 2001).

Gemeinsam mit der Tschechischen Republik, der Slowakei und Ungarn gründete Polen 1992 die Mitteleuropäische Freihandelszone (CEFTA).

Ab 1993 begann Polen gemeinsam mit Tschechien und Ungarn „Verhandlungen über eine Mitgliedschaft in der [...] OECD" (Byrt 2001), der Polen 1996 beitrat. Mit dem Beitritt zur WTO und dem „Antrag auf Mitgliedschaft in der Europäischen Union [...] am 4.08.1994" (ebd.) stellte Polen außenpolitische Fakten auf, die die weitere Integration Polens in ein geeintes Europa und in die globale Wirtschaftswelt forcierten. Dem Antrag auf einen Beitritt Polens zur EU gingen die in Kopenhagen 1993 formulierten Kriterien für eine Aufnahme von neuen Mitgliedsstaaten voraus. Die bedeutendsten Auflagen waren dabei:

- Eine stabile Demokratie und Rechtsstaatlichkeit

- Eine funktionsfähige Marktwirtschaft

- Die Übernahme aller Vorschriften des EU- Rechts

- Die Übereinstimmung mit den Zielen der Wirtschafts- und Währungsunion sowie der Politischen Union (Byrt 2001)

Neben dem EU- Beitritts ist die Mitgliedschaft in der NATO als zweites großes Ziel der polnischen Außenpolitik zu sehen. Als erster Schritt zur Integration in die NATO trat Polen zum „NATO- Programm ‚Partnerschaft für den Frieden' im Februar 1994" (Bingen 2001) bei, welchem weitere Integrationsversuche folgten, wie z.B. die Beteiligung an militärischen Übungen. Schließlich wurde Polen gemeinsam mit Tschechien und Ungarn am 11.03.1999 Mitglied in dem Nordatlantischen Verteidigungsbündnis.

Der Prozess des EU- Beitritts erwies sich als langwieriger. 1998 begannen nach der teilweisen Erfüllung der Aufnahmekriterien, offizielle Verhandlungen mit Polen, sowie Tschechien, Ungarn, Slowenien, Estland und Zypern über deren EU – Beitritt. Weitere Verbesserungen bzw. Anpassungen mussten in Polen vor allem noch bei der Erfüllung der Übereinstimmung mit den Zielen der Wirtschafts- und Währungsunion sowie der

Politischen Union erreicht werden Die Verhandlungen lassen sich entsprechend in 3 große Themen gliedern (vgl. Byrt 2001):

1. Wirtschaftsfragen
2. Außen- und Sicherheitspolitik
3. Innen- und Justizpolitik

Die Beitrittsverhandlungen besaßen im Gegensatz zu früheren Erweiterungen der EU einen anderen Charakter. So ging es nicht um die Aushandlung von Kompromissen zwischen der EU und dem möglichen Beitrittsland, sondern vielmehr um die Vorschreibung und die Überwachung der für einen EU- Beitritt zu tätigenden politischen Maßnahmen (vgl. Bohle 2002: 197).

Dieser Prozess zog sich im folgenden noch fünf Jahre hin.

Mit dem EU- Beitritt am 1.05.2004 vollzog sich der für Polen 15 Jahre andauernde Weg der „Rückkehr nach Europa" (Lang 2009: 589).

Schon früh wurde deutlich, dass Polen innerhalb der EU ein „markanter Akteur" (Lang 2009: 591) mit eigener Vorstellung in bestimmten Themengebieten sein würde. So ist beispielsweise die Einflussnahme der polnischen Regierung unter den Kaczynski-Brüdern bei der Auseinandersetzung um eine europäische Verfassung zu nennen, wodurch 2007 einige Zugeständnisse gegenüber Polen errungen werden konnten (vgl. Lang 2009: 595). Diese Politik hat Polen „den Ruf eines schwierigen Partners eingebracht" (Lang 2009: 595).

Die Zustimmung der Polen zur Europäischen Union stieg seit dem EU- Beitritt 2004 von 71 % (5.2004) auf 89 % im Mai 2007 an (vgl. Lang 2009: 602), was beweist, dass der Schritt in die EU von den Polen im Nachhinein als positiv bewertet wird.

„Poland's economy has performed well in the last two years. Real GDP has grown faster than in almost all other OECD countries"(OECD Report 2008: 19). Diese Aussage der OECD im Jahr 2008 fasst sehr gut die wirtschaftliche Entwicklung Polens in den letzten Jahren zusammen.

Es wurden gute Wirtschaftsdaten erreicht, wobei vor allem die hohen Wachstumsquoten ins Auge fallen. Im Jahr 2008 belegte Polen „unter allen Nationalökonomien in der EU einen beachtlichen siebten Rang" (auswärtiges Amt 2010).

Das Wachstum der Wirtschaft ist beispielsweise bei der Analyse des BIP- Wachstums zu erkennen. Analysiert man die Wachstumsraten des realen BIPs von Polen und Deutschland, erkennt man, dass Polen deutlich höhere Wachstumsraten ausweisen kann. „The period of strong economic growth in all main sectors (i.e. services, industry, and construction) started in 2004 and continued until the middle of 2008" (Ministry of Economy 2009: 63). Der Anstieg der Dynamik des Wachstums, welches bereits 2003 erkennbar ist, ist sicherlich mit dem EU- Beitritt Polens 2004 in Verbindung zu setzten (vgl. Grafik 1).

Grafik 1: Wachstumsrate des realen BIP in Polen und Deutschland 2000 bis 2011

Wachstumsrate des realen BIP in Polen und Deutschland

Wachstum BIP in %	2000	2001	2002	2003	2004	2005	2006	2007	2008	2009	2010 *	2011 *
Polen	4,3	1,2	1,4	3,9	5,3	3,6	6,2	6,8	5	1,7	1,8	3,2
Deutschland	3,2	1,2	0	-0,2	1,2	0,8	3,2	2,5	1,3	-5	1,2	1,7

Eigene Darstellung: Datengrundlage: Eurostat (2010).

Das BIP in Polen wuchs in den Jahren von 2000 bis 2009 beständig, wobei es im Jahr 2007 eine Rate von 6,8 % erreichte. Selbst in der Weltwirtschaftskrise 2008/2009 konnte Polen noch ein Wachstum von 5 % bzw. 1,7 % aufweisen und lag damit im Jahr 2009 als einziges EU- Land noch im positiven Bereich (vgl. Eurostat). Das BIP Deutschlands fiel demgegenüber 2009 beispielsweise um ganze 5 Prozentpunkte (vgl. Grafik 1).

Im Vergleich des BIP Wachstums in den deutschen Bundesländern und den polnischen Wojewodschaften fallen die starken regionalen Unterschiede der Dynamik des Wachstumes auf. Zum einen ist wiederrum die höhere Dynamik in Polen zu erkennen, jedoch stellt sich dieses regional stark unterschiedlich dar (vgl. Karte 1 und Grafik 1). So können die Wojewodschaften Śląskie , Dolnośląskie, Opolskie und Mazowieckie ein BIP Wachstum von über 8% ausweisen, wohingegen die Wojewodschaft Małopolskie nur ein BIP- Wachstum von 0,8 % erreicht (Karte 1).

Doch eine Bewertung der Wirtschaftsleistung allein an den Wachstumsraten greift zu kurz. Polen ist auch heute noch eines der ärmsten Länder der EU (Piotrowska 2009: 282). Das Pro- Kopf- BIP erreicht im Jahr 2008 56 % des EU Durchschnitts, wobei dabei zu beachten ist, dass es damit knapp 9 % über dem Wert von 1997 liegt (Eurostat 2010).

Innerhalb der polnischen Wojewodschaften erkennt man ebenso wie bei dem prozentualen Wachstum des BIP' s eine große Disparität in dem BIP pro Kopf. Wie die Grafik 2 zeigt, wuchs zwar das Volumen innerhalb des Zeitraumes zwischen 2003 und 2007 erheblich, doch wurden regionale Unterschiede nicht abgebaut, sondern differenzierten sich eher noch stärker aus.

Grafik 2: BIP pro Kopf in KKS (Kaufkraftstandard)

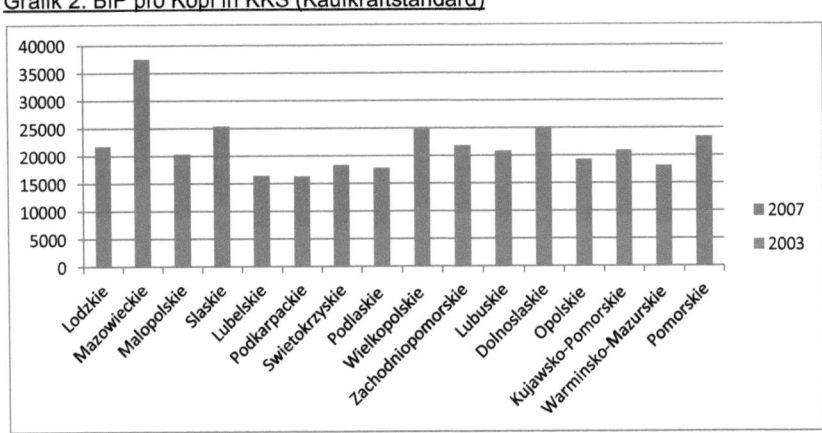

Eigene Darstellung: Datengrundlage Eurostat (2010).

So erreicht die Wojewodschaft Mazowieckie ein nach der Kaufkraftstandart bereinigtes BIP von 21.700, was 87,1 % des EU Standards ausmacht. In Anbetracht des ebenfalls sehr hohen BIP-.Wachstums kann man so eine sehr guten Wirtschaftsaussicht für diese Wojewodschaft analysieren. Doch im Gegensatz dazu steht z.b. die Wojewodschaft Podkarpackie, die mit einem Wert von nur 9.100 BIP pro Kopf einen Prozentsatz von 36,7 % des Standards der EU erreicht (siehe Grafik 2).

Zur Bekämpfung dieser Disparitäten setzte sich Polen gemeinsam mit der EU das Ziel, „bis 2015 zwei Drittel des durchschnittlichen EU- Bruttoinlandsproduktes pro Kopf [zu] erreichen" (Lang 209: 604).

Neben dem BIP- Wachstum und dem BIP- Volumen sind für die gesellschaftliche Lage auch die Arbeitslosenquoten von großer Bedeutung. Wie bereits in Kapitel 2.3 angeführt, entwickelte sich die Arbeitslosigkeit in Polen zu einem weitreichenden gesellschaftlichen Problem, das die Ausdifferenzierung der polnischen Gesellschaft mit beeinflusste. Wie aus der Grafik 3 zu entnehmen ist, stieg im Verlaufe der 2000er Jahren die Arbeitslosigkeit in Polen bis zum Jahr 2002 auf 20 %, was eine Bedrohung der sozialen Gleichheit einer Gesellschaft darstellt. Doch Polen schaffte es im Verlauf des Jahrzehnts, seine Arbeitslosenquote auf 7,1 % im Jahr 2008 herunterzuschrauben. Damit wurde das Ziel erreicht, sich dem Durchschnitt der Europäischen Union zu nähern (7,0 %) und man erzielte sogar einen besseren Wert als das Nachbarland Deutschland (7,3 %). Im Verlaufe der Weltwirtschaftskrise 2009 stieg die Arbeitslosenquote jedoch wieder auf einen Wert von 8,2 % (im Vergleich: EU 8,9 % und BRD: 7,5 %). Wie bereits bei den anderen zwei Wirtschaftsgrößen lässt sich ebenfalls bei der Arbeitslosigkeit eine große räumliche Disparität zwischen den verschiedenen Wojewodschaften herausstellen, die in der Karte 2 illustriert werden.

Grafik 3: Arbeitslosigkeit Polens, Deutschlands und der EU zwischen 1998 und 2009

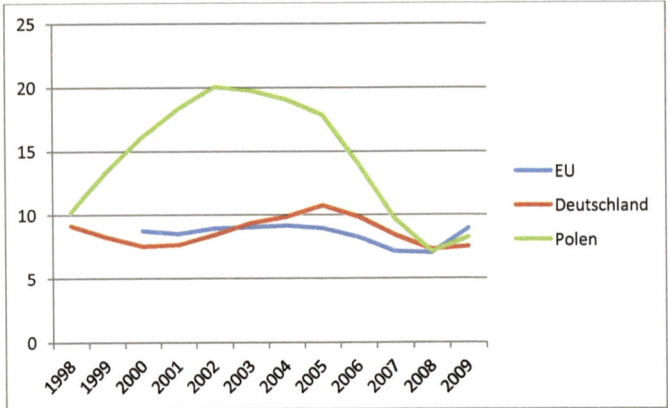

Eigene Darstellung: Datengrundlage Eurostat (2010).

Fazit

Zusammenfassend lässt sich für Polen eine positive wirtschaftliche und gesellschaftliche Entwicklung analysieren. Der Transformationsprozess, welcher seit 1989 in Polen die Wirtschaft und Gesellschaft beeinflusst hat, stellt sich heute als durchaus positiv heraus: Die Umstrukturierung der Wirtschaft von einer Plan- zu einer Marktwirtschaft wurde durch radikale Reformen (,Schocktherapie') vollzogen. Dabei wurden die negativen Anfangsbedingungen überwunden und Polen schaffte es in den 1990er zu einer stabilen Demokratie im Herzen Europas heranzuwachsen.

Mit dem Beitritt zur NATO 1999 und der EU 2004 konnte Polen seine selbstgesteckten Ziele einer Integration in die westlichen Sicherheits- und Wirtschaftssysteme erreichen.

In der EU nimmt Polen einen wichtigen Platz als Vermittler zwischen Ost und West ein und scheut sich dabei nicht, eigene Interessen durchaus selbstbewusst zu verteidigen. Die Art und Weise, wie beispielsweise die Kaczynski Brüder dabei auf dem europäischen Parket agierten, ist sicherlich dabei zu überdenken.

Wirtschaftlich weißt Polen in den 2000er Jahren durchweg ein positives Wirtschaftswachstum auf. Besonders beachtlich ist dabei, dass es Polen trotz globale Weltwirtschaftskrise geschafft hat, als einziges EU Mitgliedsland 2009 noch ein positives BIP- Wachstum zu erreichen.

Trotz der erzielten Erfolge steht vor Polen noch ein langer Weg voran. Dabei gilt es vor allem, die immer noch gravierenden Unterschiede im Lebensstandard gegenüber den anderen westlichen EU- Mitgliedern abzubauen. Auch die gesellschaftliche Teilung Polens, die z.B. durch eine hohe Arbeitslosigkeit in den 1990er und 2000er entstand, muss aufgehalten und zurückgeführt werden.

Als letzten Punkt müssen nochmals die räumlichen Disparitäten zwischen den Wojewodschaften herausgestellt werden, die sich wirtschaftlich und sozial stark unterscheiden. Für ein gesellschaftliches geeintes Polen ist es unbedingt notwendig, diese Unterschiede abzubauen.

Literaturverzeichnis

Auswärtiges Amt (2010): Länderinformationen- Polen. < http://www.auswaertiges-amt.de/diplo/de/Laenderinformationen/Polen/Wirtschaft.html> abgerufen am 21.03.2010.

Bingen, D. (2001): Grundzüge der Außenpolitik. In: Informationen zur politischen Bildung: (Hrsg.) (2001): Polen. Bonn: Informationen zur politischen Bildung (Heft 273). <http://www1.bpb.de/publikationen/08328670575491574489531267520265,0,0,Grundz%FCge_der_Au%DFenpolitik.html#art0> abgerufen am 23.03.2010.

Bohle, D. (2002): Europas neue Peripherie- Polens Transformation und transnationale Integration. Münster: Verlag Westfälisches Dampfboot.

Bychawski, G. (2001): Business in Polen 2001. Warschau: UNIDO.

Byrt, A.(2001): Weg in die Europäische Union. In: Informationen zur politischen Bildung: (Hrsg.) (2001): Polen. Bonn: Informationen zur politischen Bildung (Heft 273). <http://www1.bpb.de/publikationen/04604715204455730669132280234379,0,0,Weg_in_die_Europ%E4ische_Union.html#art0> abgerufen am 23.03.2010

Droth, A; Grimm, F.-D., Haase, A. (2000): Polen aktuell. Leipzig: Institut für Länderkunde e.V. (= Daten, Fakten, Literatur zur Geographie Europas 6).

Gorski, B. (1998): Die alternativen Strategien der Übergangsperiode von der sozialistischen Plan- zur freien Marktwirtschaft. Freiburg Schweiz: Universitätsverlag Freiburg Schweiz.

F.A.Z.- Institut für Management-, Markt- und Medieninformationen GmbH (2002): Mittel- und Osteuropa Perspektiven- Jahrbuch 2002/2003. Frankfurt a.M.: manager magazin Verlagsgesellschaft mbH.

Kolhoff, L./ Gruber, C. (2005): Die EU- Erweiterung- Herausforderung für die Sozialwirtschaft. Augsburg: ZIEL Verlag.

Lang, K.-O. (2009): Vom Störenfried zur Gestaltungsmacht- Polen in der Europäischen Union. In: Bingen, D./ Ruchniewicz, K. (Hrsg.) (2009): Länderbericht Polen. Bonn: Bundeszentrale für politische Bildung, S. 589- 608.

Ministerium für Wirtschaft- Abteilung für Wirtschaftsförderung Polen (2002): Polen. Ihr Geschäftspartner. Warschau: Institut für Konjunktur und Preise des Außenhandels.

Ministery of Economy (2009): Poland 2009- Report Economy. Warschau: ministery of Ecomomy.

Obersteiner, E./ Putz, P.G. (2004): Megatrends Osteuropa. Wien: Linde Verlag Wien.

OECD Economic Surveys (2008): Poland 2008. Paris: OECD Publications.

Offizielles Förderportal der Republik Polen (2010): http://www.poland.gov.pl/ abgerufen am 22.03.2010

Piotrowska, M. (2009): Die soziale Lage. In: Bingen, D./ Ruchniewicz, K. (Hrsg.) (2009): Länderbericht Polen. Bonn: Bundeszentrale für politische Bildung, 282- 293.

Polnisches Außenministerium (2010): Offizielles Förderprogramm der Republik Polen-Geschichte. < http://www.poland.gov.pl/Geschichte,589.html> abgerufen am 24.03.2010.

Pysz, P.(2009): Ordnungspolitische Umwandlungen in der Wirtschaft Polens 1990-2007. In: Bingen, D./ Ruchniewicz, K. (Hrsg.) (2009): Länderbericht Polen. Bonn: Bundeszentrale für politische Bildung, S.237- 257.

Quaisser, W. (2001): Wirtschaftssystem und Wirtschaftspolitik. In: Informationen zur politischen Bildung: (Hrsg.) (2001): Polen. <http://www1.bpb.de/publikationen/06491994241220360370961530614087,0,0,Wirtschaftssystem_und_Wirtschaftspolitik.html#art0> abgerufen am 15.03.2010.

Redaktion Weltalmanach (Hrsg.)(2009): Fischer Weltalmanach 2010: Zahlen, Daten, Fakten. Frankfurt: Fischer.

Wielkiewicz, Z. (2000): Polen zehn Jahre nach der Wende. In: Current information about the East (Aktuelle Ostinformationen) 2000 (1), 21-34.

Vergleich des BIP- Wachstums
zwischen Deutschland und Polen

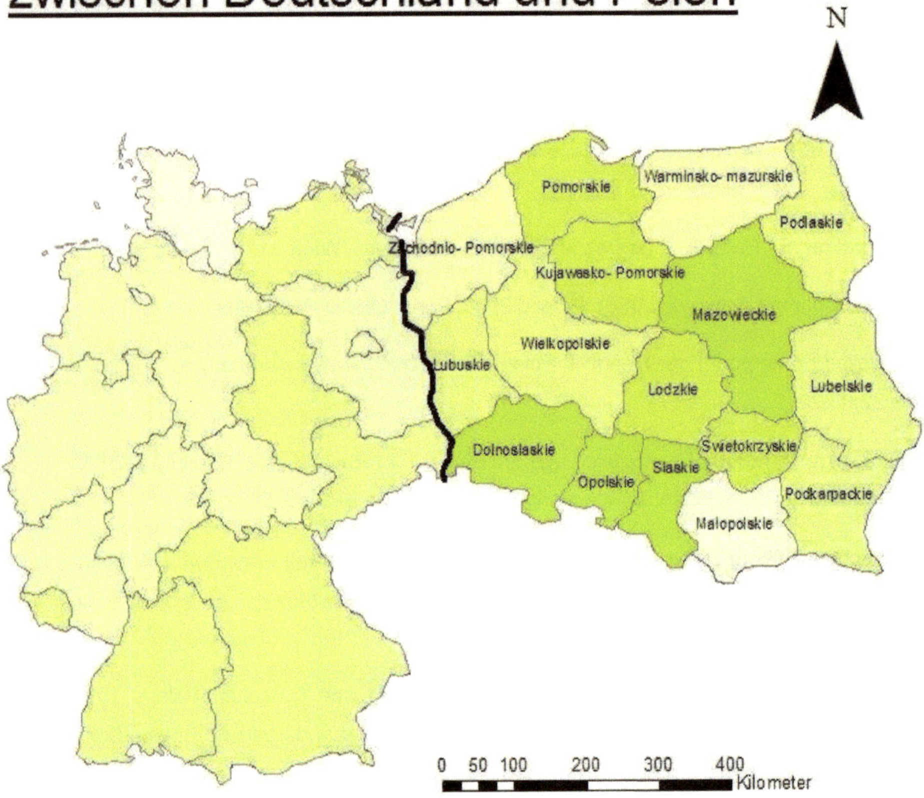

N

Pomorskie
Warminsko- mazurskie
Podlaskie
Zachodnio- Pomorskie
Kujawasko- Pomorskie
Mazovieckie
Wielkopolskie
Lubuskie
Lodzkie
Lubelskie
Dolnoslaskie
Swetokrzyskie
Opolskie
Slaskie
Podkarpackie
Malopolskie

0 50 100   200   300   400
━━━━ Kilometer

Zeichenerklärung

Bundesländer
BIP_2007 in %

	2
	4
	6
	8
	10

Wojewodschaften
BIP 2007 in %

	2
	4
	6
	8
	10	━━━ Grenze

Quellen:
www.destatis.de
www.stat.gov.pl

Aachen, 26.03.2010

Arbeitslosigkeit in Polen nach Wojewodschaften 2009

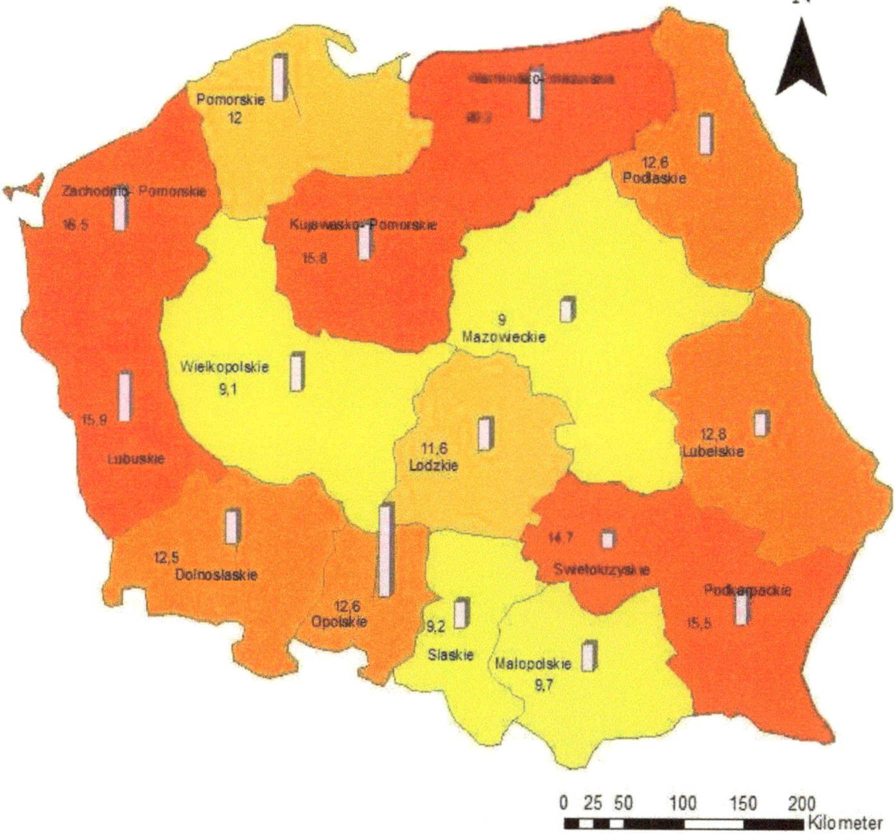

N

Pomorskie
12

Zachodnio- Pomorskie
16.5

Kujawsko- Pomorskie
15.8

12.6
Podlaskie

Mazowieckie
9

Wielkopolskie
9,1

15.9

Lubuskie

11,6
Lodzkie

12,8
Lubelskie

12,5
Dolnoslaskie

12,6
Opolskie

9,2

Slaskie

14.7

Swietokrzyskie

Podkarpackie
15,5

Malopolskie
9,7

0 25 50   100   150   200
                            Kilometer

Zeichenerklärung

Arbeitslosigkeit 2009 in %

- < 11
- 11- 12,9%
- 13- 14,9%
- 15- 16,9 %
- >17

Veränderung der Arbeitslosigkeit zwischen 2008 und 2009

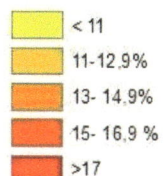

4,2 % Anstieg der Arbeitslosigkeit

Quelle:
Glowny Urzad Statystyczny
Warszawa, 2010

Aachen, 26.03.2010